編輯大意

（一）本書供職業學校家事科教科之用。

（一）烹飪一事，切於日用。舊日婦女雖人人習慣，苦無有系統之方法，本書即就習慣法中，爲之擘分次序，設立方案，俾學校得之，即可施諸實行。

（一）烹飪爲家事科之實習，學校所教，宜以家常日用之飯菜爲主；不宜羅列珍羞，流於富侈。本書編纂，一依此旨趣。

（一）本書分前後二編：前編爲總論，詳述烹飪各種應注意之事項，後編爲各論，則就家常日用之飯菜，一一具列其烹飪法，先葷菜，後素菜，而葷素雜煮之菜，亦以次附述之。

（一）本書之著，實爲創作，非如他種教科書，有東西書籍可以依據。雖不敢自詡爲空前傑構，而經營慘淡，煞費苦心，閱者鑒之。

（二）本書不僅供學校教科之用，卽家庭婦女，人手一編，熟玩其法，於烹飪之事，思過半矣。

目次

前編 總論

後編　各論

烹飪法

前編　總論

第一章　緒言

古語有云：「民以食爲天。」「人情一日不再食則飢。」是食之於民也可謂綦重矣。蓋人體猶如蒸汽機，蒸汽機一日無燃料，卽不能發生其效力；人體一日無食物，卽飢餓不能獲生存。然食物之道，瓜果之類一部分雖可生食，其他如猪、羊、雞、鴨、魚、蝦之類，皆非熟煮不能食，於是烹飪之法尙焉。烹飪得宜，不但合於衞生，卽肥鮮固可適口，淡薄亦堪下咽。漢陸續之母，切肉未嘗不方，斷葱以寸爲度。晉李氏女絡秀，能與一婢，作數十人飲食，事事精辦。北宋汴京宋五嫂魚羹最有名，南渡臨安，猶傳其法，可知烹飪之事，宜精而有法矣。精而有法，用錢省而可食；反是，用錢雖多無益也。

我國北方多麵食，南方多食米飯，雖所食不同，而可供充飢則一。下飯需菜，麵食亦需菜。大略一食五件，四菜一湯，葷素各半。如一桌七八人，則盤碗須用大號；一桌五六人，則盤碗可用中號。湯一碗須較大，或單純葷湯，或葷素雜會，或菜羹則須兩碗。盤碗各菜固不可過少，亦不必過多，僅足下飯可矣。非但居家節儉之道，不宜暴殄天物，亦凡物罕則見珍，多則生厭，生人之心理然也。以食物言，少則咀嚼倍覺有味，多則數見不鮮，珍羞亦等於蔬菜矣。

練習問題

（一）爲何食物必需烹飪？

（二）試述我國古時婦女之善烹飪者。

（三）烹飪精而有法，有何利益？

（四）一食應需幾件食物？

（五）菜多有何弊害？

第二章　食物與人生

吾人既知食物之綦重，更應知食物中所含之成分，與生活究有若何之關係。明乎此，則吾人日常應如何選擇食物，卽可迎刃而解矣。玆先言人生所必要之營養素，約有下列五種：

一、水　爲吾人排除體內老廢物所必需，如尿、汗等全賴水以洩體外。又肺及皮膚發散蒸氣，以調節體溫，亦有賴於水。

二、鹽類　鹽類爲骨骼、肌肉、血液及消化液等之成分。如缺少鹽類，卽有發育不完全之象。

三、蛋白質　此爲吾人營養上所最需要者。蓋人體內臟腑皆含有蛋白成分，隨時需用蛋白質以補充之。否則卽不能維持生活。

四、碳水化合物　此種物質能助人工作能力與發生體溫
五、脂肪質　其功效亦與碳水化合物略同，皆爲主要之營養素也。
除上五種以外，則現今尙有新發見之維他命（Vitamin）或譯活力素，或譯維生素。已闡明者有甲、乙、丙、丁、戊五種。甲種能助人以發育及健康，乙種亦助發育並可治脚氣病，丙種能保養血液不至敗壞，丁種可免佝僂病，戊種能使人生殖，亦不可不注意也。

然此多種之營養素，最爲吾人所需要者，則厥爲蛋白質、脂肪質與碳水化合物也。食物中動物類多含蛋白質、脂肪質，而少碳水化合物；植物類則多含碳水化合物，而少蛋白質與脂肪質。故欲選擇食物，要以動物類與植物類混食爲最佳。一般人以爲非肉食不足以營養者，是但知其味之佳美，而不知其所含之成分矣。

練習問題

（一）人類所需要之營養素有幾種？

（二）維他命之功效如何？

（三）人類最主要之營養素爲何？

（四）食物中動物類與植物類所含成分有何不同？

（五）試述吾人應如何選擇食物。

第三章　食物與時令

食物不能分時令者。猪羊雞鴨等是也。此種食物，四時皆有，不能强定，某時食猪，某時食羊，某時食雞，某時食鴨也。惟魚與蔬菜，四時不同。有此時所有，彼時所無者。然南北亦各不同，如南方雞四時皆有，鴨則以夏秋間爲多。北方鴨四時皆有，雞則以夏季爲多。鰣魚上市，南方自春末至夏初，北方則五六月尚有。海螃蟹南方冬季上市，北方則上市兩次，一在春夏之交，一在秋季。蔬菜則北方地冷，上市皆遲於南方。且北方冬季無生菜，惟有大白菜而已。其餘魚類，有北方所有南方所無者。如冬季之大白魚、鱘鰉魚、鯉魚，北方味至美，南方則惡。有南方所有，北方所無者，如鯿魚、鰱魚、（南方亦呼胖頭魚，）北方甚罕。故食物不能斷定某爲春季，某爲夏季，某爲秋季，某爲冬季；惟預備多品，分門別類，以待隨時隨地酌用之耳。

練習問題

(一)試舉不能分時令之食物。

(二)何種食物四時不同?

(三)試述魚類南北不同之情形。

(四)蔬菜南北方有何不同?

第四章　葷菜與素菜

家常食物可分葷素兩類。請先言其葷者。各種葷菜，有單純用葷者，有不單純用葷者。單純者，紅燒雞、鴨、猪、羊肉之類，（俗稱爲燜，）白煮雞、鴨、猪、羊肉之類，白切雞、鴨、猪、羊肉之類。（紅燒白煮者帶湯，白切者無湯。）不單純者，雜以他物，如葷則雜以海參、蟶乾、淡菜、魚鰲之類；素則雜以筍、菜、豆莢、瓜瓠、蘿蔔、小芋之類。或紅燒，或白煮，或炒，或𤆵，配搭得法，則葷菜沾素菜氣味，減其肥膩；素菜吸葷菜膏脂，變爲清腴，其可口有過於單純葷菜者。其葷菜又雜以他物之葷者，亦以單純葷菜，厭其味之一於肥膩，雜以乾菜之近腥者，則一味中含有兩味，亦以減其肥膩之意。其宜用乾菜者，取其日乾風乾之別有風味，若鮮魚與鮮肉相雜，則兩味相犯，而不可食矣。

素菜亦有單純用素者，有素菜爲主，而稍雜葷菜者。古人云，春初早韭，秋末晚菘。（菘卽俗稱大白菜南方呼爲黃芽菜。）又云，千里蓴羹，末下鹽豉。皆素菜之美者。大抵食素菜有四法：一宜炒，一宜拌，一宜清煮，一宜紅燒。烹飪得宜，甘芳清脆，可口不下於葷菜至於菰筍蒲、（北方多有，其質在竹筍茭白之間，味甚清美。）椒、（青椒、紅椒，四川、湖南及北人至嗜之，廣東人不食，江、浙人亦少嗜者。）之類，皆有特別風味。素菜四種食法，皆可斟酌加入，倍覺可口。其稍雜以葷物者，如大白菜、冬瓜，最宜用蝦米、壺瓜、丁香魺。（海濱一種小魚，形如丁香。）若燒筍，燒茄，炒蠶豆、豌豆，宜用蝦米、肉釘、冬菰釘之類是也。

練習問題

（一）何謂單純葷菜？

（二）何謂不單純葷菜？

（三）單純與不單純葷菜之利弊如何？

(四)試述素菜之分類

(五)素菜以用何法烹飪爲宜?

第五章　烹飪與火候

烹飪以火候爲主。火候得宜則味美，火候失宜則味惡。北方用煤，或竈或爐，火力均極猛烈，故最宜於油炮湯炮，及爊炒諸菜。如油炮羊肚、油炮猪肚、湯炮猪羊肚、炮羊肉、爊肝胗、（亦作肫雞胃，俗又名硬肝。）爊小雞、（北方雞肉粗，小者方嫩。）炒魚片、抓炒魚、炒肉絲、炒雞絲之類，皆其所長，而用武火者也。火之猛烈者爲武，微緩者爲文。南方用柴火，用木炭，或用稻草，用棉花梗，火力緩而微，宜於蒸燜等菜。如蒸肉、蒸雞鴨、蒸魚，以及紅燒白煮之類，皆能爛熟而味愈厚，此用文火者也。大概文火能爛而不能脆，武火能脆而不能爛。然北方鍋厚，非猛火不可，故爐竈口小腹亦不大，煤燒透而火力聚，猛且經久。若要文火，則用有孔鐵蓋蓋之，亦宜於紅燒白煮。南方火力雖不猛，而鍋薄，火初生時，亦宜於炒爊諸菜。其餘如欲火猛可隨時加薪火緩可隨時抽薪者仍有參差不齊之病是在烹飪者少用所短，而多用所長耳。

練習問題

(一)何謂文火武火?

(二)文火宜於煮何種食物?

(三)武火宜於煮何種食物?

(四)北方與南方烹飪火候爲何不同?

(五)使文火變爲武火用何方法?

第六章　烹飪諸用具

烹飪之主要用具，爐竈鍋等是也。家常所用，至少一竈一爐，鍋則一大二小。竈與大鍋煮飯，爐與小鍋煮菜。二小鍋一深一淺，一有耳，一有柄。深者或用鈷，（形似熨斗而大）以爲紅燒白煮各菜之用；淺者以爲炒炖各菜之用。

其次則爲刀砧，魚肉蔬菜各物，方圓長短各式所從出也。刀不利，則魚肉各物，欲薄不能薄，欲細不能細，欲方正則不能方正。最好刀要兩柄，稍鈍卽磨，更迭爲用。砧板宜厚而稍大，大則用力切物時，不至跳濺落地；厚則不至炸裂有縫，垢膩入其中。其餘油炖菜，宜用細孔鐵漏瓢，以便所炖之物，將油滲盡。炒食物宜用鏟瓢，亦名鏟刀，（大概平者名刀，凹者名瓢。）以爲炒物時翻覆攪動之用。鏟宜稍大，以便菜熟時一氣舀起，不致落鍋而焦也。

此外如盛食物之碗盤亦不可不注意也諺云「美食不如美器」詎見器之美，則菜之美者可以愈助其美；菜之不美者，亦可以稍減其不美。此正可與色惡不食，爲反比例也。器美者非必古窰名瓷，但整齊（如四盤四碗，盤與盤大小如一，碗與碗大小如一。）潔淨（謂洗滌不留油膩，）完好（謂無缺裂）而已。至其大小之度，宜與所盛食物爲比例，寧可碗盤大而食物少，不可食物多而碗盤小。大約碗盤之容積十成，菜品居其七成。湯汁視菜品溢出一成，在碗盤尙留二成餘地。如此則蒸煮之菜，有湯汁以養之，菜不乾燥，而美味在中。炒炕之菜，多黃黑碧綠之色，盤邊留一圍潔白餘地，倍覺其顏色相映之美。譬如花然，花雖好亦須枝葉扶持，乃愈見其好也。

練習問題

（一）烹飪之主要用具爲何？

（二）家常所用主要烹具至少幾件？

(三)刀、砧、瓢、鏟等物有何用處?

(四)盛食物之碗盤應擇何者爲佳?

(五)何以碗盤之大小,宜與所盛食物爲比例?

第七章　烹飪與作料

油、鹽、醬、醋，爲烹調必需之作料，人人盡知之矣。此外若酒，若糖，若香糟，若葱，若薑，若蒜，若胡椒麵，或以壓腥臊之味，或以助香烈之氣，所以開人脾胃，亦不可盡無者也。然或畏辣，畏酸，畏葱蒜味太濃者，則可以斟酌而用之。惟作料南北亦略有不同，南方食豆油、落花生油，北方食芝蔴油，此其大異也。作料之中，油、鹽、醬、醋、糖、酒等物價皆較貴。其賤者葱、蒜、薑、胡椒之類，但用之不可過多。鄉間農民，煮菜惟用一鹽者無論矣。若中等人家，每日買菜之錢，大概十成中須二八分之，八成買菜，二成買作料。二成中再作十成分之，油、醬、鹽占七成，糖、酒約占二成，葱、蒜、薑、醋、胡椒占一成。糖、酒稍貴，尤須節用。油、醬爲不可少之物，若烹紅燒等菜，則用醬油多而用油少；烹炈炒等菜，則用油多而用醬油稍少。此在主烹調者斟酌配搭耳，其詳當於後數章分述之。

練習問題

(一)作料有幾種？
(二)作料對於食物有何功用？
(三)中等人家每日買菜之錢，應與作料如何分配？
(四)作料之中，何者較佔多數？何者較佔少數？
(五)紅燒與炖炒，應用作料有何不同？

第八章　烹飪與廚房

廚房爲烹飪之所在，故言烹飪，卽不能離廚房而獨立。主烹飪者，於食物固求其美好矣，而廚房則任其汚穢不潔，是食物雖美，食之仍不免於危險也。何則？汚穢之物，最易滋生微生菌，傳入人體，卽能致病。故廚房之清潔，實與食物至有關係，非可泛泛視之也。

欲言廚房之淸潔，則一方須勤於洗滌，如烹飪器具用後，必需洗滌潔淨，勿留垢汚。其他如貯藏食物與器具之櫥箱，亦當常保淸潔，勿使塵沙蒙掀其上。一方對於房間四周，亦當隨時灑掃，勿留穢物。流通溝渠，尤須注意。凡食餘之物，或碗盤洗下之汚水，皆宜另置別處，勿隨意棄於溝渠之中。蓋細屑之物，不久卽能發生微生菌，而蒼蠅、蚊子之屬，亦隨之而起。彼時蠅蚊飛入房中，驅不勝驅，雖欲保清潔，不可得矣。故主烹飪者，於廚房之清潔，最應牢記者也。

練習問題

（一）烹飪與廚房有何關係？
（二）廚房為何應保持清潔？
（三）試述處置烹飪器具用後之方法。
（四）應如何留意廚房外之溝渠？

後編 各論

第九章 猪肉烹飪法

吾人所食肉類，大多卽爲猪肉。不論何時何地，均極易購得。蓋猪肉中富於蛋白質、脂肪質及乙種維他命，皆爲吾人營養所必需者。

食猪肉又必須注意者，因肉中往往有寄生蟲與傳染病菌，寄生蟲如旋毛蟲與條蟲，病菌如結核病菌，傳入人身，爲害甚大。故凡罹病或未熟之猪肉，均不宜食，以防意外。玆將各種烹飪方法，列述於後：

第一節 紅燒猪肉又名蒸肉紅燒羊肉法同

一、材料

豬肉一斤，喜肥多者，用背部腹部；喜瘦多者，用腿部；喜帶骨者，用蹄部。（鑑別法：以皮薄潔白，瘦肉色淡紅者爲上。過紅者恐有瘀血，過白者恐灌水，皮厚者恐係老豬。）

豆油一兩，（或芝蔴油，落花生油，）好醬油二兩，（次者三兩，）糖半兩，冬菰一二朶。

二、器具

海碗。

三、烹調

切法　有二種：用蹄部腿部者，宜四方大塊，以一寸爲限；用背部腹部者，宜長方小塊，長短以寸爲限，寬窄以五分爲度。

烹法　先取油倒鍋內燒熟（俟沸後泡沫盡爲熟，）取肉放油中炒之，用鐵瓢不停手翻覆攪動之。約一分鐘，看肉稍熟，（看肉漸縮緊，皮漸縮軟爲度，）

取醬油倒入用鐵瓢不停手翻覆攪動之看肉塊遍著醬油色再取糖和水少許澆入，用鐵瓢翻覆攪動之。看肉色漸濃，取開水一小碗澆入，加入冬菰，用鍋蓋蓋住，火須退微。隔三十分鐘一開蓋，翻覆攪動之，使在底者翻面，面者翻底，加開水半小碗。如是者兩次，煮一百二十分鐘爛矣。

第二節　白煮猪肉 白煑羊肉法略同

一、材料

猪肉二斤以上，肉須稍多方有味，餘同紅燒猪肉。

鹽，（每肉一斤，用鹽半錢。）皮香，（亦名茴香，每肉一斤，用皮香兩三個。）

二、器具

大海碗。

三、烹調

切法　四方大塊，以一寸爲限，肉須大塊方有味。

烹法 用清水將肉塊洗淨，用漏瓢撈起，瀝乾不潔之水。另取冷水倒鍋中，每肉一斤，用水一大海碗，將洗淨瀝乾之肉放入，用稍大之火煮之。湯沸時，浮出許多泡沫，須用鐵瓢撈起倒去。俟數沸之後，湯清無泡沫，將鹽及皮香加入，將火退微，蓋住鍋蓋煮之。隔一句鐘，開起一看，以肉爛汁稠稍黏爲度。以外葷者或加海參，或加淡菜，或加魷魚，素者或加白菜，或加小蘿蔔，均屬相宜。

第三節 炒肉絲

一、材料

猪肉半斤，須用腿部肉，肥少瘦多者。（喜瘦者全用瘦，喜肥者雜以三分一之肥。）

油大半兩，（肉自有油，故比炒生菜油可少用。）醬油一兩，酒三錢。

二、器具

大七寸盤。

三、烹調

切法（最宜注意） 取肉入清水洗淨，辨其肉紋之橫直，置砧板上，斷直紋橫切爲片，約厚一分零。（切不可照直紋直切，則韌而咬不斷矣。）再切爲絲，再用水洗淨瀝乾，其水置鐵漏瓢中，使滴盡其餘瀝。

烹法 將油倒鍋中燒熟，（驗法已見前。）取肉絲置鍋中，以鏟刀翻覆攪炒之。半熟，加入醬油，再翻覆攪炒之，再加入酒。一俟大熟，即速舀起盛於盤進食。不可過熟，過熟則韌矣。

再或加韭菜、豆芽菜，或加大頭菜絲，或加香豆腐乾絲，俱可，皆於下醬油時加入。蓋韭菜豆芽菜易熟之物，大頭菜、香豆腐乾已熟之物也。

第四節 川肉湯

一、材料

猪肉六兩，宜用腿部全瘦者。如不欲全瘦，可於十成中參二成之肥。

清豆粉八錢，白醬油半兩，（醬油有黑白二種，白者色淡而味濃。凡川湯菜品，欲其色淸淡者，須用白醬油。）鮮筍片一兩，（無鮮筍時，或用紫菜三錢。）葱七八分長者兩段，豆苗嫩者數根。（或蕿少許，亦名香菜，又名蒝荽。）

二、器具

大海碗。

三、烹調

切法　取肉洗淨瀝乾，辨其肉紋之橫直，用利刀橫切爲片，以極薄如紙爲上。將豆粉另倒一盤，以肉片反覆拌之，使片片皆沾薄粉。

烹法　取水一海碗，倒鍋中燒沸。取鮮筍片、紫菜、葱等物放入，再取醬油倒入攪勻。俟湯百沸，然後將肉片盡行倒下，用筯分撥，勿使黏作一塊。再將豆苗或香菜加入，即用鏟瓢，連湯帶肉盛起。盛海碗中，滴香油數點進食。

第五節　白片肉

一材料

猪肉半斤，或十二兩，宜用背部腹部，肥多，中夾一兩層薄薄瘦肉者。（鑑別法：皮要薄，肉色要白。）亦有惡肥喜瘦者，則可用腿部。

醬油一兩，芥末半兩，或蒜醬半兩。

二、器具

大七寸盤。

三、烹調

切法　先將肉皮切去。如半斤肉，則斷爲四大塊；十二兩肉，則斷爲六大塊，洗淨瀝乾。

烹法　放清水一碗鍋中燒之，微溫，將肉放入煮之，蓋住鍋蓋。十五分鐘，開看一次，將肉翻轉。如汁稍乾，加水少許，以湯足浸肉爲止。開看三次，約將近五十分鐘，熟矣。煮時火須略大，火微則熟慢，肉味歸於汁者多；火大則熟快，肉味歸於汁者少也。

又切法　肉熟時，取放盤中，少涼。一面將砧板洗刮至乾淨，將肉放上，取極利刀，（須先磨極利，）辨肉紋橫直片片橫切之，以極薄似紙爲佳，每片又不可太大小，約須長二寸而弱，寬一寸而强。片片攤排盤上，可疊至兩三層，下侈上狹，略如覆碟形。其肉汁可留作他用，或以煮豆腐蛋絲湯之類。

食法　食時，先用開水泡芥末於碟子，以紙封之，須臾揭起，調以醬油，沾肉食之。喜蒜醬者，用蒜醬調醬油。

第六節　燒片肉

一、材料

豬肉一斤，宜用腹部背部，肥肉多，中帶一二層薄薄瘦者。肉皮須薄，肉須白，至要。

油一斤，醬油四兩，糖二兩。

二、器具

大海碗，大盤二。

三、烹調

切法　將肉一斤，平分爲八大塊切之，不去皮，洗淨瀝乾。先將醬油調糖於大碗中，將肉放醬油中漬之，五分鐘，翻轉再漬，如是者三次。

烹法　將油一斤倒鍋中，用大火燒到百沸，取肉放鐵絲瓢上，浸油中炕之。十五分鐘提起，另放一盤。（燒肉本應用燒烤器具，家常未必有，變通用此法。）

又切法　取肉置砧板上，用極利刀，薄薄切之。片片薄如紙爲上，鋪盤中如鋪白片肉法。惟燒片肉每片皆帶有皮，尤須利刀，由肉切到皮，皮方不脫落，乃爲美觀。食時以醬油沾之。

第七節　蒸米粉肉

一、材料

猪肉十二兩，要腹部背部肥多者。

醬油二兩，米粉四兩（用稻米研細粉炒熟者。）荷葉數張，（鮮者爲佳，乾者亦可。）酒一兩。

二、器具

大海碗，大盤。

三、烹調

切法　先取肉切片，厚一分半，寬一寸，長一寸二三分，洗淨瀝乾。

調和包裹法　取醬油和酒倒大碗，將肉浸其中，漬一小時。另取大盤，將米粉倒上，肉片夾出，放米粉上，反覆拌之，令肉上遍沾米粉，要稍厚。取荷葉剪爲方塊，橫直皆三寸大。每塊荷葉，包肉一片，放大盤中。層層疊壓，中間各留小空處，以便蒸時通氣，易於爛熟。

蒸法　將盤放蒸籠內，置鍋上，大火沸湯蒸之。經二小時，開蒸籠蓋，用箸刺肉

試之，一刺便穿透則熟矣

再尋常簡便法，則不用荷葉包裹，肉片拌過米粉後，卽片片帶粉鋪大海碗中，層層疊滿。有帶骨肉塊，亦可漬醬油拌粉，置肉片上，放蒸籠中蒸之。蒸透要食時，另取一大海碗，與肉碗對蓋，反倒過來，則帶骨肉塊在下，肉片在上，帶著米粉，渾如一塊絕大饅頭，最爲好看。

第八節　灱排骨醋溜附

一、材料

猪肉帶骨者十二兩。（卽猪背夾脊兩邊脅骨帶肉者。肉鋪將此骨上之肉割去，而留一層薄肉，連在骨上另賣。）

油半斤，醬油二兩，糖半兩，醋一兩，豆粉一錢。

二、器具

大盤，大碗。

三、烹調

切法　將帶肉之骨，直切，一條骨一塊。（此骨每條相距約半寸，中連以肉，由相連處對分切之，半連此一條骨，半連彼一條骨，蓋一條骨四面皆有肉包住也。）橫切，一塊六七分長。（橫切帶骨切，肉鋪多已代剁。）洗淨放大碗中，將醬油及糖調勻，倒入漬之，約十數分鐘。

烹法　將油倒鍋中，燒到百沸，取漬透之排骨十數塊，放在漏孔鐵瓢中，連瓢浸在油中灱之。（不如是恐落鍋底易焦。）瓢須搖擺簸揚，使骨反覆灱透，提起將油瀝乾倒盤中。再取十數塊照前灱之，灱畢即可進食矣。如食醋溜，則取豆粉加水兩湯匙調勻。先將鍋中灱剩之油舀去，再將已灱之排骨倒入。略攪數下，即將豆粉水加入，翻攪數下，再將醋倒入，再攪數下可矣。

第九節　灱肉丸清湯附

一、材料

猪肉半斤（要腿部肉肥少瘦多者）

油半斤，豆粉二兩，醬油半兩。

二、器具

大盤，大碗，漏孔鐵瓢。

三、烹調

切法　將肉切片置砧板上，兩手持兩刀亂剁之。俟細碎如糜，舀盛大碗中，取水兩湯匙和豆粉，亦倒大碗中，與肉糜反覆調勻。用右手三指（中指、食指、拇指）撮之，捻成丸，兩手搓之，掌心須微沾清水，搓時方不黏，搓圓置大盤中，使稍乾。

烹法　將油倒鍋中燒沸。取盤中丸，置漏孔鐵瓢中，浸入滾油中。將瓢在油中擺轉十數下，簸揚十數下，則其丸已熟，可提起倒在盤上矣。食時或乾食則稍沾醬油，或放入火鍋，雜入素會俱可。

再或不用油火，則肉丸搓成時，先行蒸熟。卽用美味清湯大半碗，加醬油一湯匙，倒鍋內燒滾，將肉丸放入煮之。約十數分鐘，熱透心，卽可盛在大碗進食。若再要加味，則肉切成片時，用冬菰數朵，蝦米一二錢，切碎加入，與肉片同剁成糜。

第十節　滷猪爪

一、材料

猪爪一個。（猪蹄下半節爲猪爪，前蹄短，後蹄長，短者重約一斤左右，長者約一斤半，至一斤十二兩。）

醬油六兩，或半斤，（視爪之長短大小不同。）皮香一錢，糖半兩。

二、器具

大盤，大碗。

三、烹調

切法　猪爪骨堅，南方肉鋪已代剁作兩爿，北方不剁，買時可令代剁。直分作兩爿，橫斷一寸左右長，洗淨。如有未盡之毛，鑷盡再洗。

烹法　放水一大海碗於鍋中燒熱。將爪放下，用稍大火煮之，不蓋鍋蓋。看稍熟，將醬油糖及皮香下入，用鏟刀撥齊，使猪爪浸在汁中，乃蓋鍋蓋，火退稍微。隔三十分鐘，開看一次，汁稍乾，則加水，使足以浸及猪爪爲度。百二十分鐘熟，盛起，排大盤中，使乾，爛熟而帶堅凝。其汁另盛一碗。食時如嫌太大，可分一塊爲兩塊。

練習問題

(一)猪肉中有何種營養成分？

(二)猪肉之優劣用何法鑑別之？

(三)紅燒猪肉與白煮猪肉烹法有何不同？

(四)肉絲應用何種方法切成之？

(五)試述川肉湯之烹法。
(六)煮白片肉之火候應如何?
(七)燒片肉應預備何種材料?
(八)試述蒸米粉肉之調和包裹法。
(九)炰排骨與醋溜排骨烹法有何不同?
(十)試述肉丸的切法。
(十一)猪爪以何種烹法爲最宜?

第十章　猪雜件烹飪法

猪類除其肌肉可供食外，其中臟腑大多亦爲甚佳之食物，卽俗所稱爲雜件者是。臟腑之性質，與肌肉相埒。而其甲乙二種維他命之成分，較肌肉爲尤多，故於吾人之營養皆有關係。兹將通常烹飪方法，分述於後：

第一節　蒸肚塊

一、材料

猪肚一個。

醬油一兩，油一兩，鹽一兩。

二、器具

大海碗，中號鉢，剪刀。

三、烹調

洗法　猪肚外面帶油，裏面有膋（音聊，）似油非油，至爲腌臢。肉鋪賣肚時，因洗除肚裏腌臢之物，已將裏面翻作外面。洗時須用豆油（或芝蔴油、落花生油、）及鹽，滿塗外面，揉而漬之，如以肥皂澣衣然。搓洗許久，用水漂淨，再用前法，至嗅之毫無氣味爲止。乃翻洗裏面，抓去拖黏之油，再洗一遍淨矣。

切法　每塊切作骨牌式，長八分，寬五分。

烹法　放淸水一大碗，將肚放下。俟湯沸流出泡沫，用鏟瓢將泡沫撈起倒去。蓋住鍋蓋，用稍微火煮之，須二小時乃熟。（肚煮不爛，韌不可食，太爛則出油，有油味亦不可口。）

又烹法　全肚裏外兩面洗淨。不切塊，整個放在中號瓦鉢內，置鍋中，蓋住鍋蓋，用大火蒸之。其加水方法，及蒸熟鐘點，同白炖雞。蒸熟，用乾淨剪刀。剪爲骨牌塊，大小如前式，沾醬油食之。有加干貝、海參、蟶乾、淡菜之類蒸者，味更佳。

第二節　炒腰花

一、材料

猪腰一副。（若用羊腰，須二副。）

油半兩，醬油半兩，糖二錢，淸粉一錢，葱一根，木耳三錢。

二、器具

大七寸盤。

三、烹調

切法　未炒之前數小時，（能前五六小時爲佳，一二小時亦可。）將一副兩隻猪腰，劈開分爲四塊。每塊裏面凹處，堅韌之肉，如瓜瓤作白色者，刳去。用利刀就皮面剞作交叉斜紋，深一分。每紋相隔二分，放淸水中浸之，使流去血水。經一小時，換水一次，將炒時，取出瀝去水，横切之，每塊寬三分，長與厚如其本來之度，約長一寸，厚三四分。

烹法　將油倒鍋中燒熟。取葱一根，切數段，每段以寸爲度，先放油中炒之，隨將腰花幷木耳倒入。以鏟刀略炒數下。卽將醬油、糖、清粉三件調和倒入，再炒數下，速取起盛於盤進食，不可稍緩。其木耳須先一小時洗淨，用湯泡軟。醬油、糖、清粉三件，亦須預先調和以待用。

第三節　炒猪肝炒羊肝略同

一、材料

猪肝半斤。鑑別法：猪肝有鐵肝、粉肝兩種，粉肝好，鐵肝不好；粉肝質鬆輭，利於炒；鐵肝質堅硬，不利於炒也。色深紫近黑者爲鐵肝，色淺淡者爲粉肝。

油一兩，醬油半兩，醋三錢，糖三錢，豆粉半錢，葱三寸、木耳三錢。

二、器具

大盤，大碗，小碗。

三、烹調

切法　將肝用清水洗淨，用溫湯一沃，急取起，以去其濁味。瀝乾，放清水中浸之，約一二小時。取出切片，厚一分，寬五分，長一寸，放大碗中。

烹法　倒油鍋中燒沸，取切片之肝倒入，用鏟刀翻覆炒之。數下後，急取醬油和糖沃入，再取清水半小碗沃入，再取葱及木耳加入，急用鏟刀連連翻覆炒之。數下後，急取醋和豆粉沃入，再炒數下，卽可盛入盤中矣。葱須先切一寸長，木耳須先撕碎用湯泡。醬油與糖，豆粉與醋，均須先調和，各放小碗中。

第四節　炒猪小腸

一、材料

猪小腸半斤。

油一兩半，醬油半兩，糖一錢，鹽半兩，綠豆芽菜四兩，葱一寸長者兩三管，或韭菜數根，（不用亦可。）

二、器具

大盤，剪刀。

三、烹調

洗法　猪腸外面帶油，一洗便淨；裏面稍腌臢，須將小腸頭用線結住，用筯頂著，將腸裏面，慢慢反套出來，使裏面翻在外面，用油及鹽，照洗猪肚法搓洗之。洗一道漂水一道，以乾淨至無氣味爲度。

切法　用剪刀將腸剪開，裏外再洗一次，切爲塊。長七八分。

烹法　將油倒鍋中，用至猛烈之火，燒到百沸。將腸倒下，用鏟刀急急攪炒之，隨將綠豆芽及葱（或韭菜）倒入，又將醬油調糖倒入，再炒十數下卽熟矣。熟時急用鏟瓢舀盛盤上，急進食，乃脆；遲則韌矣。

第五節　會猪大腸 丸大腸附

一、材料

猪大腸一斤。

小蘿蔔半斤，（或小芋，）鹽半錢。

二、器具

剪刀，大海碗。

三、烹調

洗法　猪大腸亦外面帶油，裏面有膋（音聊，）似油非油，至爲腌臢。亦須將外面之油，先洗乾淨，勿割去，然後將腸頭用線結住，用筯頂著結處，將大腸裏面反套過來，使裏面翻作外面，用油及鹽揉搓洗之。揉一道，水漂一道，使腌臢之膋盡去，試嗅之毫無氣味。

切法　用剪刀剪開，攤平，寬約一寸餘，再分剪爲兩條，寬約六七分。切爲骨牌塊，長八九分，再用水洗淨。

烹法　放水一大碗於鍋中，將大腸倒下，用稍大火煮。俟沸出泡沫，用鏟瓢撈起倒去，然後加入小芋小蘿蔔之類。（須先刮去外皮洗淨，切成半圓小塊，加鹽，蓋住鍋蓋，煮一小時爛矣。）

又灮食，則洗淨後，不剪開，將裏面帶油者，用筯翻出，再洗。節節切為八分長，用油四兩倒鍋中，燒沸，取大腸放入灮之。用鐵絲瓢撈起，瀝乾，倒盤中，用花椒末炒鹽沾食。

第六節 會猪腦 會羊腦炒羊腦猪腦附

一、材料

猪腦一副。

醬油大半兩，金針菜一兩，木耳五錢，冬菰半兩。

二、器具

海碗。

三、烹調

挑淨法 先將全副腦兩塊，浸在清水中。漬透後，腦面有一層薄膜蒙著，腦紋凹進處，有紅絡纏住，用小竹簽，（尖細如錐，長兩三寸。）將膜與絡，輕輕挑去，務使淨盡，勿觸破其腦。再放水中漂淨，瀝乾。

切法　切為小長方塊，長八分，寬五分。

烹法　放清水一小碗鍋中，先將金針菜，切為一寸長，木耳一朵，撕為兩三塊，冬菰切絲，寬與金針菜相等，放小碗中，用水泡透，並醬油放入鍋中煮之。俟其出味，然後將腦倒入，用鏟刀輕輕撥勻，浸在湯中。蓋住鍋蓋，用不大不小火，煮十分鐘，開蓋，用鏟刀輕輕翻轉，如前法再煮十分鐘，可以盛入碗中矣。再會羊腦，亦照上辦法。炒猪腦羊腦，挑淨法切法如前，炒法同炒腰花。

第七節　滷猪舌

一、材料

猪舌一個。

好醬油四兩，皮香半錢。

二、器具

大海碗，七寸盤。

三、烹調

洗法　猪舌頭有連帶骨肉，不甚清楚，然亦可食，須洗刷乾淨。猪舌上，有似苔似膜一層，尤須洗刷乾淨。用開水倒鉢中，將猪舌放入一燙，卽可脫淨矣。

切法　一舌切爲三段。

烹法　放水一大碗於鍋中，將猪舌放下，用稍大之火煮之。半熟，卽取起猪舌，將鍋中之湯倒去。另放清水半碗燒熱，再將猪舌放下，火退稍微，沃醬油，加皮香，使水與醬油，略足浸過大半，其高約居猪舌十分之六七。（蓋水少防乾，水多恐無味。）蓋住鍋蓋，隔十五分鐘一開看，防其汁乾，稍乾，則水加及原汁之多而止，並將猪舌翻轉一面，漬在汁中。翻轉三次，約一小時，熟矣。

又切法　猪舌滷熟後，卽浸汁中，食時取出，側刀切薄片，如切藕片然，厚一分。

練習問題

（一）猪雜件營養之功效如何？

（二）試述猪肚之洗法。

（三）試述炒腰花之烹法。

（四）猪肝有幾種？並述其鑑別法。

（五）猪大小腸之洗法如何？

（六）試述猪腦之挑淨法。

（七）會猪腦如何烹法？

（八）滷猪舌如何烹法？

第十一章 羊肉烹飪法

羊肉之性質與猪肉同，亦多含蛋白質與脂肪質。此種獸類，雖亦爲家畜之一種，但四季不常食。大率因羊肉之性苦甘大熱，故以冬季食之爲宜，有火症者亦不宜食。羊又有黑羊白頭及獨角四角者，均有毒，食之能生癰，是不可不注意也。茲將羊肉各種烹飪法，擇要分述於後：

第一節 炒羊肉絲

一、材料

羊肉半斤，須用腿部肉，肥少瘦多者。

豆油或芝麻油大半兩，醬油一兩，葱多少隨意，（北人喜食葱，南人有不食葱者，可用少許，以壓羶味）酒三錢。

二、器具
大七寸盤。
三、烹調
切法　同炒肉絲法。惟羊肉尤韌於猪肉，色亦較濃於猪肉，切成絲後，須放清水中浸之。將炒時，再用清豆粉拌而略揉之。
烹法　將油倒鍋中燒熟，（驗法見前。）先取葱絲，放油中炒之，隨將羊肉絲倒入，以鏟刀反覆攪炒之。半熟，加入醬油，再反覆攪炒之，再加入酒。餘同炒肉絲法。
再或加白菜絲，或加蔔菜，皆切成一寸之長，與羊肉同時倒入。
第二節　會羊頭
一、材料
羊頭一個。羊鋪已將頭劈開，取去羊腦，洗刮乾淨。

醬油一兩，醋一兩，胡椒麵三分。

二、器具

大海碗，鑷子，大盤。

三、烹調

切法　將羊頭用鑷子鑷去未盡細毛，洗淨，放大盤中蒸熟。取出，剔去一切之骨，剝下帶薄薄一層肉之皮，切爲小方塊，橫直約三四分大，並兩耳上下齶皆照切。

烹法　下水一大海碗於鍋中燒熱。將細塊之肉倒入，用稍微之火煮之。隔三十分鐘，開看一次，湯乾則加水，以浸過肉一寸爲度。約九十分鐘可熟，試取一塊嘗之，以驗熟否，以羊肉有老嫩之不同也。再煮少頃，撒胡椒進食，食時加醬油加醋。

又羊頭一個，若加以鮮筍及蒲之類，則切爲細釘，橫直二三分大，與羊頭肉同時下鍋用鏟刀攪勻熟時可盛兩大海碗。

第三節　會羊肚絲

一、材料

羊肚一隻。

白醬油一兩，醋二兩，胡椒麵三分。

二、器具

海碗，大鉢。

三、烹調

洗法　羊肚外面有油，同猪肚，裏面有薄膜一重，似青苔生於斑剝古石之上。羊鋪賣羊肚，因洗淨肚中腌臢之物，已將肚之裏面，翻在外面。須燒開水大半鍋，開後倒大鉢中，將羊肚放入湯中，周轉一燙。提起，用手撩去似苔非苔之薄膜，露出潔白之色，惟其紋理，仍淺凹如臉上大痳耳。此面洗淨，再將另一面翻出，抓去黏著油皮，如豬肚油者，再行洗淨。

切法　放砧板上切之，先斷爲橫塊，長一寸餘；然後切絲，寬一二分之間。

烹法　放清水，（若另有美味清湯更好，）兩海碗於鍋中，卽將肚絲下入，俟湯燒沸，滾出泡沫，用鏟瓢撈起棄去。蓋住鍋蓋煑之，須七十分鐘，熟矣。將熟時，加入白醬油。攪勻，再加入醋。進食時，撒下胡椒麵。

再若食羊肚片，則切之長如肚絲，寬六七分。煑時須加多二十分鐘。大約一羊肚，帶湯可煑兩大海碗，分兩頓食有餘。

第四節　羊血羹

一、材料

羊血四兩。殺羊時血流鉢中，以湯沃之，卽結成塊。

雞蛋或鴨蛋一個，醬油半兩，醋一兩，胡椒麵二分，鮮筍四兩，（或蒲與茭白俱可，無時則不用。）

二、器具

大海碗。

三、烹調

切法　將羊血用薄刀切絲，長一寸，寬二三分之間，厚如之。將鮮筍（或蒲或茭白）殼剝盡，近根處去粗留嫩，先切片，再切絲，長亦一寸，寬只可一分。

烹法　先將蛋打破，黃白均倒碗中，用筯夾為數塊。參入清水半碗，用筯帶蛋連水，狠打一二百下。然後放清水大半碗於鍋中，（有美味湯汁更好，）將筍絲倒下，先煮熟。加入醬油，然後將羊血絲倒入，用筯輕輕攪勻，勿使碎斷。再將蛋水回環沃入，再將醋沃入，將筯再為攪勻。少頃已熟，用大鏇瓢盛入大海碗，撒上胡椒麵。

再如無筍、蒲、茭白各絲，則將蛋打破攪勻，倒碗中蒸熟，取出切為細絲，長短大小如羊血，與羊血同下水中煮之，然後加醬油等物。

第五節 羊羔

一、材料

羊一二斤俱可，山羊爲上，綿羊爲次。山羊帶皮食，綿羊剝去皮。北方多綿羊，南方多山羊，作羊羔，皮尤可口也。

花椒半錢，醬油。

二、器具

中號鉢，七寸盤。

三、烹調

切法　羊羔以腿部爲上，腹部次之，背部又次之，總以有肉無骨爲主。有骨者亦去骨留肉，切成方塊，約直二寸橫寸餘。

烹法　此品南方宜於冷天有冰夏日亦可成。北方宜夏日，冰多價賤也。下水半鍋，將羊肉放入，大火煮之，以肉熟稍爛爲度。汁不宜過多過少，以僅足浸到肉爲度煮熟倒鉢中撥平使肉浸汁中冷天聽其自凝成冰（南方呼爲凍，）夏日以鉢置冰上、亦易成凍。食時隨取兩三塊，切爲片，置七寸盤中，以湯匙取結凍之汁倒肉上，沾醬油帶凍食之。

練習問題

（一）羊肉對於吾人之營養如何？
（二）炒羊肉絲應備何種材料？
（三）會羊頭如何烹法？
（四）試述羊肚的洗法。
（五）試述羊血羹之材料及切法。
（六）羊羔如何烹法？

第十二章　雞類烹飪法

雞爲最普通之家禽，各地皆有之。其成分亦以蛋白質爲較多，脂肪質則次之。且易於消化，不易腐敗，極少傳染病菌，故可安心食之。雞除肉及雜件可食外，尙有雞卵，亦爲吾人所常食。且其滋養力亦甚大。惟雞卵必須煮至半熟，方易消化；否則過熟堅硬，卽難以消化矣。是於烹飪之時，不可不注意也。玆將雞肉之各種烹飪法，分述於後。至雞卵之烹飪法，將在下章與鴨卵並述之。

第一節　紅燒雞

一、材料

雞一隻，重一斤餘，至二斤。（太小有腥味，太大肉粗。）

油一兩好醬油一兩半糖半兩薑兩薄片

二、器具

海碗，大鉢。

三、烹調

割法　將雞撮去頸前喉部間細毛，用刀割之，斷其喉管，將血流盡，承在碗中。先放水鍋中，燒沸，倒大鉢中，將已割之雞，放在湯中，周轉漬透，卽提起。（將提起時，試拔雞毛，若順手脫落，卽不要再漬，恐傷爛雞皮；若尙難脫落，則再漬少頃。）將毛拔盡，放水中洗淨。將腹剖開，取出腹中肝、肫、心、腸、等物，再洗淨腹中之血。

切法　帶骨切塊。長六七分，寬如之。

烹法　將油倒鍋中燒熟，將雞倒下，用鏟刀翻覆炒之。看油將收乾，取醬油和糖倒入，再用鏟刀連連翻覆炒之。約數十下，看醬油又將收乾，取清水一小碗沃入，加上薑片，將雞撥平，使盡漬湯中。蓋住鍋蓋煮之，半點鐘開蓋一次，加開水半小碗，用鏟刀將雞翻轉撥平。再蓋住鍋蓋，煮半點鐘熟矣。如雞稍老，則須多煮半點鐘，多加水一次。

第二節　白炖雞白炖鴨法略同

一、材料

雞一隻，重一斤餘，不可再重。（鑑別法：白炖非嫩雞不可，故以一斤餘爲限。凡雞足有四指，三指向前，一指向後。向後一指之上，有一小距，似指非指，雞老者長三四分，次者長一二分，嫩者無之，以此爲驗。）

酒四兩，薑一片，糖三錢。

二、器具

大碗，中號鉢。

三、烹調

割法　同紅燒雞惟整個不切

烹法　將雞洗淨，整個不切，放中號瓦鉢中。將頭頸踠在膀下，下水一小碗，並酒糖薑，一概加入，用紙一大張，兩重蓋住鉢口，用乾淨糊將紙封貼於周圍鉢邊，不留縫。將此鉢安放鍋中，下水半鍋，以及鉢大半爲度。上蓋鍋蓋，用大火蒸之，隔一刻鐘，提開水壺，由鍋邊加入開水一次，勿使湯乾，仍以浸鉢大半爲度。須一百二十分鐘熟矣。

食法　將鉢提起，即帶鉢進食。將紙揭去、用筯刺取之，雞已稀爛，湯尤佳。若家常分兩頓食，將湯先倒兩大碗，取雞另放一碗，將其皮肉盡行撕下，分濆兩碗湯中可也。

第三節　白切雞

一、材料

雞一隻，重二斤餘。（鑑別法已詳白炖雞下。）

醬油一兩，芥末八錢。

二、器具

大盤。

三、烹調

割法　已詳紅燒雞下。

切法　雞殺後，洗淨，切爲五塊。頭與頸爲一塊，雞身劈分兩邊，又各斷爲兩段，共五塊。

烹法　下清水一大碗於鍋中，燒沸，將雞放下。大火煮半點鐘，取起。辨雞肉直紋橫切之，寬一寸，長半寸，盛於盤。雞汁可作他用。此爲最簡易法，但雞味稍落湯中耳。

又烹法　將雞五塊，排大海碗中，不下水，放蒸籠中蒸之。（簡易法，即將碗放鍋中蒸之。或飯甑寬，即將碗放甑中飯面蒸之。）二小時取起，如前法切之。大約一隻雞可分切兩盤，盛時頭頸及脚置盤底，背部放盤邊，腹部腿部排盤中上面。食時沾芥末醬油。（已詳白片肉下。）

第四節　炒雞絲

一、材料

雞一隻，重一斤餘。（鑑別法已詳白炖雞下。）

猪油一兩半，白醬油半兩，筍半斤，或綠豆芽菜四兩，葱一寸者兩段，豆粉三錢。

二、器具

大七寸盤，大海碗。

三、烹調

割法　已詳紅燒雞下。

切法　專取腹部胸膛之肉，將皮剝去，油刮盡。肉放大海碗中，滿盛清水浸之，須三小時以上。取出瀝乾，放砧板上，用利刀視其肉直紋，細細橫切爲絲。每絲寬只可一分餘，一面將豆粉薄薄攤大盤上，取雞絲輕輕拌之。

烹法　將猪油倒鍋中燒沸，將雞絲倒下，急以鏟刀連連攪炒之。須分撥其絲，各自離開，勿使黏在一塊。隨取白醬油倒入葱加入，再攪炒十數下，即熟矣。再若單純雞絲，則如以上炒法，一隻雞不過炒一盤。若加筍絲，或豆芽菜則可分作兩盤，猪油須照加。筍須先切爲絲，豆芽菜須先摘去頭尾以待，或少加薑絲，畏辣者可不用。

第五節　溜灱雞

一、材料

雞一隻，重一斤餘。

油四兩，醬油一兩，醋一兩，豆粉五錢，葱一寸者三條，糖八錢。

二、器具

大海碗，大碗。

三烹調

割法　已屢詳。

切法　上一節炒雞絲所餘之雞，（炒雞絲只用一胸膛之肉，）有頭，有頸，有兩翼兩腿。有背部，皆可切爲小方塊，橫直皆半寸，以醬油和糖，放大海碗中浸之。只須一小時，略使透味。

烹法　將油倒鍋中燒到百沸。將雞放油中灮之，使極酥勿焦爲度，用鐵絲瓢撈起，瀝乾。一面將鍋中餘油舀去，另倒一碗，再將雞下鍋，取海碗中浸雞所餘之醬油糖倒入，葱亦加入，用鏟刀攪動數下。再將豆粉調醋沃入，再攪數下，可以盛入大碗矣。

又一法：切爲小方塊後，不浸醬油糖中，將雞薄薄拌了豆粉，放滾油中灮之。撈起，舀去餘油，再倒鍋中，乃取醬油調糖沃入。攪炒十數下，再將豆粉調醋沃入，餘同。

練習問題

(一)雞肉對於吾人有何功益?

(二)雞之割法如何?

(三)嫩雞用何法鑑別之?

(四)試述白切雞之烹法。

(五)炒雞絲切法如何?

(六)溜炆雞應備何種材料?

第十三章　鴨類烹飪法

鴨亦爲家畜之一種，然因性喜水，故山僻之處不常有。有雄者頭綠文翅，雌者黃斑色，亦有純黑純白者，以白者爲最良。其肉富滋養力，不亞於雞肉。蛋白質與脂肪質均有之。

鴨之卵，亦爲吾人日常食物之一，其價值與雞卵相等。且鴨卵較雞卵爲大，故通常人家多購食鴨卵。玆將鴨類普通烹飪法，及雞鴨卵之烹飪法，合併分說於後：

第一節　紅燒鴨

一、材料

鴨一隻，重約在二三斤之間。（太小有腥味，過大則鴰鴨，油太厚，價太貴，非家常飯菜所宜。）
油一兩半，好醬油二兩，糖一兩，薑二片。

二、器具
大海碗，大鉢。

三、烹調
切法　殺鴨法同殺雞，惟將殺時，須將鴨嘴撐開，取燒酒一匙倒入，令呷下，殺後毛乃易拔。既殺，燒開水倒大鉢中，將鴨放入周轉燙一過，將毛拔去，亦同於雞。惟鴨毛雖拔盡，往往有短小毛管，作黑色，尙插皮中，須用鑷子鑷去之。既盡，淨洗一道，切爲方塊，横直皆七八分。
烹法　倒油鍋中燒熟，將鴨倒入炒之，略熟，（以血水乾鴨肉上不帶血爲度），將醬油調糖、及薑片、加入，再翻覆攪炒二三十下。看油及醬油皆被鴨肉收乾，然後加水一大碗，使浸到鴨肉大半，蓋鍋蓋煮之。隔三十分鐘，開看一次，汁稍乾加水，以初次水浸鴨肉之高低爲度。約二小時熟矣。

再或加栗子，或加鮮筍，或加香豆乾，皆於下醬油時加入。

第二節　燒片鴨亦名爛駁鴨生駁鴨附

一、材料

鴨一隻，中等大者，約重二三斤之間。

油四兩，好醬油二兩，糖一兩。

二、器具

大海碗，大盤。

三、烹調

切法　殺法已見前。洗淨後，將鴨切爲五大塊，分頭部與兩翼兩腿爲五部。放水一海碗鍋中燒開，將鴨倒入煮熟。以指甲掐之，可掐得斷爲熟。先將醬油調糖，倒大海碗，取已熟之鴨浸其中。隔數分鐘，翻轉漬之，經一小時可矣。鴨汁可作他用。

烹法　將油倒鍋中。燒沸，取鴨放入�之。炸熟以鐵絲瓢撈起，瀝乾其油，然後帶皮切片，厚三分，寬一寸餘。

再如食生駁，則殺畢洗淨，切爲五大塊，放醬油糖中，翻覆漬透，卽下沸油中炸之。熟後，切片如前法。

又一法：不切五大塊，切爲小方塊，約七八分大，漬和糖醬油中，透味，卽下沸油中炸之。

第三節　炒鴨雜 炒雞雜附

一、材料

鴨雜一副。（卽鴨肝胗及腸，或加血。如較多，可不加血。雞雜同。）

鮮筍片二兩，（荸薺亦可，無則木耳亦可。）油八錢，醬油半兩，糖三錢，醋半兩，

葱一寸長者三節。

二、器具

大盤，剪刀。

三、烹調

切法　肫洗淨，切片，厚一二分之間。腸須用剪刀剪開，洗淨，切爲長六七分之間。肫外有薄膜，須用刀輕輕刮去。內有皮，名爲衣，衣外有膜，名內金。膜外有腌臢之物，如土沙然，須用刀剖開，將其中腌臢之物抉去。扯去一層內金，再將衣輕輕劊去，只留肫肉，側刀切片，薄一分，則炒時格外脆嫩。（尋常多不去衣，但嫩脆處爲粗硬處所掩耳。不去衣，則每塊須切三四分寬，封交叉斜紋，詳炒腰花下。）

烹法　將油倒鍋中燒沸，取鴨雜倒入，用鏟刀炒之。鮮筍片（或他物）隨倒入，急急同爲攪炒，醬油和糖及葱亦下入。再炒數下，醋又沃入，即可盛起矣。如加血，則血以開水沃熟，即可切爲長細塊，長六七分，寬三四分，厚一二分，於下筍片時下入。

第四節　炖鴨蛋炖雞蛋附

一、材料

鴨蛋一個。雞蛋同。

醬油一錢。猪油一錢。

二、器具

大碗，海碗。

三、烹調

調法　將蛋殼打破，黃白皆盛海碗中，用筋將蛋夾爲數塊，帶挑帶打數十下。取開水半小碗冷之，然後參入。（用開水則蒸時可開看熟未，未熟再蒸可熟。用冷水調；則一開看，再蒸不熟矣。）用筋狠打數十下，使蛋白蛋黃，與水渾融一色。再將猪油及醬油加入，再攪打數十下，使之渾融。

烹法　雞蛋用大碗，鴨蛋則用海碗，將已攪打之蛋倒入。如不畏葱味，則加葱珠數點，以壓腥味。一面放水鍋中燒熱，將碗放入，火不可大，蒸十五分鐘以上，二十分鐘以下熟矣。如家常放飯甑中蒸之，則俟飯蒸將熟時，將飯當中稍撥開，將蛋碗坐入，亦只須二十分鐘以下，十五分鐘以上，飯熟蛋亦熟矣。蛋未熟則太生，如乳如泔，固不可食；太熟則如棉花，亦不可食。

蒸蛋或加干貝，或加蝦米，俱可。

第五節　炒鴨蛋炒雞蛋溜黃菜附

一、材料

鴨蛋兩個，雞蛋則三個。

油一兩，醬油一湯匙，酒半兩，或加葱珠少許；畏葱味者不用。

二、器具

七寸盤。

三、烹調

調法 將蛋打破，倒大碗中，參清水一酒杯，用筯攪打數十下。將醬油倒入，再攪打數十下。

烹法 將油倒鍋中燒熟，然後將蛋倒入油當中炒之。此有兩種炒法，如要炒成整塊者，則用鏟刀攪之，一面炒，一面將蛋按平，略如薄薄蒸餅然。如要炒成稀爛者，則用筯急急攪炒之，使不整塊，將熟取酒加入。再如作溜黃菜，則不用蛋白，專用蛋黃。每一蛋參水一湯匙，狠狠攪打數百下。每一蛋須用猪油一兩，先倒鍋中燒滚，將蛋倒入，急急不停手攪炒之。務使蛋與油，匀和如醬，無絲毫拖黏之處爲要。

第六節 蛋絲湯

一、材料

鴨蛋或雞蛋一個。

猪油（北邊名葷油）已煎熟者小半湯匙（約重一錢，）醬油一湯匙，（約重三錢，）醋半兩，紫菜二錢，胡椒麵一分。

二、器具

大海碗。

三、烹調

調法　先將紫菜撕碎，另放一處。取蛋打破壳，倒碗中，勿使蛋膜及破碎蛋壳落入。用筯將蛋夾爲數塊，帶挑帶打數十下，蛋白蛋黄，渾融一色。再取清水大半小碗參入，用筯狠打一二百下，使蛋與水，渾融一色。

烹法　鍋中下清水大半碗，將猪油、醬油、紫菜下入。燒到初開，急取筯一條，放在盛蛋之碗上，露出筯末一寸於碗外，隨將筯緊緊按住，將碗中之蛋，由筯末慢慢瀉向鍋中周圍數轉。蛋瀉盡，急用筯左旋，隨攪隨揚之，則蛋細如絲，無黏皮結塊之病。最後將醋加入。用鏟瓢再攪數下，舀盛碗中，然後糝以胡椒麵。再如有美味清湯，則鍋中無需更下清水，猪油亦可不下。又或用梅乾菜、醃菜心之類，細碎切之，以代紫菜尤佳。

練習問題

（一）鴨對於吾人之營養如何？
（二）殺鴨法與殺雞法有何不同？
（三）試述燒片鴨之切法。
（四）炒鴨雜應備何種材料？
（五）炖鴨蛋如何調法？
（六）試述炒鴨蛋之烹法。
（七）如無美味清湯，蛋絲湯如何烹法？

第十四章　魚類烹飪法

魚類亦爲吾人日常所食之食物。其中又可分爲淡水魚與鹹水魚兩種。淡水魚產生於河川湖沼中，如鰱、鯉、鯿、鱖、鯽等皆是。鹹水魚則產生於海中，如黃魚、鯊魚、帶魚之類是。故近海者得多食鹹水魚，而內地則常食淡水魚。

魚類亦富於蛋白質與脂肪質。且易於消化，爲病人、老人、小兒最佳之食物。惟魚類水分較多，易於腐敗，亦能發生毒素，食之有害，如皮膚發疹等。其本身亦含有毒素者如河豚之類，食時更不可不愼也。茲將通常魚類烹飪方法，分說於後：

第一節　溜黃魚

一、材料

黃魚一頭，重約一斤。（鑑別法：將頭部之鰓骨掀開，視其內之鰓，似鋸齒者，血色鮮明，又兩眼珠透亮，不陷入者，爲不腐敗之徵。）

油半斤，醬油二兩，糖七錢，醋二兩，酒半兩，葱一根，生薑一大片，冬菰二朶。

二、器具

大盤。

三、烹調

切法　用刀從魚尾逆上，刮去兩面之鱗，用清水洗淨。然後剖腹，上及頭部，至魚口下頦而止。先看膽之所在，不可觸破，（破則全魚盡苦）輕輕用手抉之。並其肚腸一切，向外抽去，再抉去其兩鰓內之鰓。入清水洗其腹中鰓中之血，須換水兩次，務使洗淨爲要。洗畢瀝乾，置砧板上，用刀將背部肉厚處，刲爲斜紋小方塊，使易入味。次將葱斷爲寸長，生薑切爲碎末，冬菰切爲絲，寬一二分，以待用。

烹法　倒油鍋中燒沸，取魚置鐵絲瓢上，放油中𤆵之。俟魚皮變褐色，取出，用鐵瓢舀去鍋中餘油，復將魚入鍋，先下醬油，次入葱薑末、冬菰絲，又次入酒，又次入水半小碗煮之。俟其沸，再加醋與糖，將魚兩面翻轉溜之，各三分鐘，用鏟瓢取放盤中。並煮魚作料及汁舀起，汁倒盤底，作料放魚身上面。

第二節　炒黃魚片（炒鰱魚片同）

一、材料

黃魚一頭，重一斤。

油二兩，醬油一兩，糖半兩，葱一根，木耳三錢，筍片二兩。

二、器具

大盤。

三、烹調

切法　將魚剖洗乾淨，（法已詳溜黃魚下，）刮去魚皮，剔去魚骨，斷去魚頭尾，專取魚肉側刀橫切為片，一片約二指大，一小指長，二分餘厚，將豆粉和水，薄薄拌之。

烹法　炒魚片有二法：一法將油（油須半斤）倒鍋中燒沸，將魚片放入炆透，用鐵絲瓢撈起，瀝乾。將鍋中之油倒去，再將魚倒鍋中，立將醬油調糖加入，用鏟刀反覆炒之，須輕手勿使魚碎。再加葱，加木耳，加筍片，炒熟盛起。一法將油（止須二兩）倒鍋中燒熟，卽將魚片及葱與木耳筍片同倒下。用鏟刀反覆炒之，使魚片與諸物均沾到油。在半熟半不熟之間，然後將醬油調糖倒入。再用鏟刀輕輕反覆炒之，勿使魚碎。熟則盛起。

第三節　川湯魚片

一、材料

魚一頭，重一斤。

醬油半兩，豆粉一兩，葱一根，筍二兩，香麻油半錢，胡椒麵一分。

二、器具

大海碗。

三、烹調

切法　將魚剖洗乾淨，（法已詳溜黃魚下。）剔去魚骨，不刮去魚皮，斷去魚頭，留住魚尾。切成兩指大，一指長半指厚，將豆粉和水拌之。

烹法　此川湯有兩法：一法先將醬油和糖，取魚片浸之。浸十數分鐘夾起，拌以豆粉。鍋中放淸水一大碗，燒到初沸，將魚片放下，加葱加筍片。約一分鐘已熟，盛以大海碗，下香麻油，加胡椒麵。一法鍋中放水一大碗，燒到初沸，取已拌豆粉之魚片放入，即加醬油（只可二錢），加葱，加筍片。煮一分鐘，餘同。

第四節　瓜棗黃魚

亦名黃瓜魚名棗以其形似棗也

一、材料

黃魚一頭，重一斤。

油半斤，豆粉三兩，發料半兩。

二、器具

大盤。

三、烹調

切法　將魚剖洗乾淨，（已詳溜黃魚下）刮去魚皮，剔去骨，斷去魚頭魚尾，專取魚肉稍厚者。切成小方塊，橫直皆半寸。

調法　先將豆粉與發料，用溫水（不熱不冷者）和之，放竈邊微溫處（不可過熱）約數小時，使豆粉醱酵。然後取所切之魚，反覆拌之。

烹法　將油倒鍋中燒沸，一手取鐵絲瓢，一手用筯將已拌之魚，一塊一塊夾放瓢中。放到十塊左右，將鐵絲瓢浸入滾油，在油中連擺八九下。則魚塊上所拌之粉，即作黃色，放起泡來，如一層薄皮，離魚塊而腫起。其魚已熟，提起瓢，將油瀝乾，將魚倒在盤上。再如前法炸之，三數次即炸完矣。

第五節　炆鱖魚（炆鯽魚鯊魚同）

一、材料

鱖魚一尾。（鱖魚大者數斤，小者數兩，今以一斤爲率。）

油一斤，鹽一兩，花椒三錢。

二、器具

大盤。

三、烹調

切法　將魚兩面細鱗，用刀刮盡，用清水洗淨。然後將腹中腸肚一切抉去，再用水洗淨。將魚放砧板上，用刀向兩邊背部肉厚處，剨爲斜紋小方塊，以方五六分爲度。

烹法　將油倒鍋中燒滾，取魚放鐵絲瓢上，下油中炆之。見魚皮變灰褐色，將鐵絲瓢提起，將魚翻轉一面，下油中再炆。看魚色變黃，則熟矣。如看不準，取小籤，（或銀，或鐵，或竹，俱可。）向魚肉刺之，若一刺便入則熟，若肉韌難入，則尚未熟。熟時將油瀝乾，置大盤。

食法　先將花椒和鹽炒酥，用碾棍碾爲細末，盛碟子上。用筯將魚刺爲小塊，夾沾花椒鹽食之。

第六節　白炖鯿魚清蒸鯉魚鯽魚附

一、材料

鯿魚一頭，重一斤，或十二兩。

猪肉半兩醬油三錢，糖四錢，蝦米一錢，冬菰二朵，葱一根。

二、器具

大海碗，大冰盤。

三、烹調

切法　用刀將兩邊魚鱗刮盡，然後剖腹去鰓，（法詳溜黃魚下。）洗淨，將魚整個放大海碗或大冰盤中下清水一碗以浸到魚身為度然後將糖調醬油加入水中猪肉肥者切薄片如紙貼魚身上。排上冬菰，撒上蝦米，葱切一寸長，皆放在魚身上。

烹法　放水大半鍋燒沸，將蒸籠安上，將魚盤或魚碗，安放蒸籠當中，蓋住蒸籠之蓋。鍋下用大火蒸之，則三十分鐘可熟。火不甚大，則須四十分鐘。熟時，加酒半兩沃之。

清蒸鯉魚法同。

清蒸鯽魚法同。惟可加雞蛋白作底蒸之，名芙蓉鯽魚。

第七節　紅燒鯽魚醋溜鯉魚附

一、材料

鯽魚重約半斤，或十二兩，（大則一頭，次則二頭，又次則三頭。）

油四兩，醬油一兩，糖三錢，葱一根，冬菰二三朵。

二、器具

大盤。

三、烹調

切法　將魚剖洗乾淨，（法已詳溜黃魚下。）放砧板上，用刀橫剨魚身兩面，深三分，每刀相隔三四分。

烹法　將油倒鍋中燒沸，將魚次第放入。灼酥，用鐵絲瓢撈起。將鍋中餘油倒去，留少許，再將魚放鍋中，取醬油和糖沃入，用鏟刀反覆翻轉之。再將葱切一寸長，冬菰切絲加入。如喜酸，則加醋半兩沃入；如不喜酸，或用薄薄豆粉調水沃入，須臾即可盛起矣。

以上煮法，係以酥爲主者。如以爛爲主，則葱、冬菰加入後，下水半小碗，蓋住鍋蓋，煮十數分鐘，然後盛起。

醋溜鯉魚法同。

第八節　紅燒鰱魚頭尾 紅燒青魚鯉魚頭尾附

一、材料

鰱魚（南方名胖頭魚，有紅白二種，白者亦名白魚。）一頭，魚身肉多處，或已作他用，（如炒魚片、川湯魚片、魚丸之類。）則魚頭尾可另行紅燒。

油八錢，醬油半兩，糖二錢，葱三寸，筍片一兩，醋半兩。

二、器具

大碗。

三、烹調

切法　將魚頭兩鰓骨掀開，挖去兩鰓紅色似鋸齒者，洗淨。然後將頭劈開，帶腦連骨，切爲小塊，橫直只可四分大，魚尾切法亦同。筍切成片，大小亦與魚頭尾略同。

烹法　將油倒鍋中燒滾，將葱切爲半寸長，先放油中灼之，隨將魚塊及筍片倒下，用鏟刀反覆炒之。隨將醬油、糖和水倒入，再反覆攪炒數十下。然後將醋沃入，少頃可盛起矣。

第九節　魚丸

一、材料

魚一斤，海鰻為上，小鯊魚（俗名鯊仔，）白魚、青魚、鰱魚（俗名胖頭魚）次之。取其魚肉紋理細，易於搗爛者。黃魚、鯽魚，肉有直理，鮮魚肉有側理。不可用。

豆粉三兩，鹽三錢。

二、器具

大碗。

三、製法

取魚刮去鱗皮，剔去大小骨，要乾淨。將肉洗淨切碎，放砧板上，兩手持兩刀亂剁之，使成魚醢。又以刀背亂搗之，使稀爛，再亂剁之。舀置鉢中，和以豆粉及鹽，下清水大半碗調勻若漿糊然。用右手向鉢中攪打之，一面攪打，一面用指檢魚肉之未細未爛者，拈出置砧上。積多則用刀再剁，用刀背再搗，再行和入，攪打至千百下。一面先放溫水半大鍋，只可微溫，斷不可熱。用右手將鉢中魚料，撈滿一握，以食指與拇指合作一圈。將握中魚料，由此圈中擠出，成一彈丸，浮於水面。手快者，一分鐘可擠出數十丸。溫湯漸熱，則以冷水參之。俟丸形結實，則湯可漸熱。煮熟，撈起。食時加美味湯汁，糝以葱珠，可矣。

第十節　燻青魚

一、材料

青魚一頭，重二斤。

好醬油四兩，酒二兩，葱二寸，糖半兩。

二、器具

大盤，大海碗。

三、烹調

切法　將魚剖洗乾淨，（法已詳前，）斷去魚頭魚尾。將魚身側刀橫切爲䈂，厚三四分之間。

烹法　將醬油與糖酒相和，葱切爲珠加入，倒鍋中燒滾，倒在大海碗中，取魚放入浸之。爐中燒熾木炭，（煤炭不可用，）取魚兩三䈂，放鐵絲瓢上，持向炭上燻之。看魚上汁乾，取放碗中再浸。另取他塊未燻之魚，如前法燻之，如前法取放碗中再浸。乃復取碗中再浸過之魚，再如前法燻之。燻過二次，則魚已透味，無庸再燻矣，餘魚照推。

第十一節　乾灱鮮變鹹黃魚鰱魚白魚鯝魚帶魚俱可

一、材料

黃魚一頭。

鹽一兩，油二兩，醬油一兩。

二、器具

大碗，大盤。

三、烹調

切法　將魚剖洗乾淨，（法已詳前，）劈分兩爿，切爲大骨牌式，每塊闊六七分，長一寸。取鹽研爲細末，薄薄拌之，攤向盤中，使略透鹽味，約一小時可矣。

烹法　將油倒鍋中燒熟，取魚放入炙之，用鏟刀反覆翻轉，炙透即盛起。又若不用鹽變鹹，則乾炙鮮魚，只要一箍一箍橫切，長約八九分，寬如其魚。取油倒鍋中燒沸，魚放入炙之，用鏟刀反覆翻轉，看魚皮作黃色則熟矣。沾醬油食之。

練習問題

（一）魚類之營養成分如何？並有無毒質？

（二）黃魚之佳者，應用何法鑑別之？

(三)試述魚類之剖洗法。
(四)川湯魚片如何烹法？
(五)何謂瓜聚？其調法如何？
(六)炖鱖魚如何烹法？
(七)白炖鯿魚應備何種材料？
(八)紅燒鯽魚烹法有二種，試舉一種說明之。
(九)紅燒鰱魚頭尾之切法如何？
(十)製魚丸應用何魚爲最佳？
(十一)燻青魚如何烹法？
(十二)試述乾炖鮮變鹹黃魚應備之材料。

第十五章　蝦蛤烹飪法

水族動物之中，魚類之外，尚有蝦、蟹、蛤蜊等。其中尤以蝦爲四季常有之食物，亦有淡水產與鹹水產兩種。淡水產者，體小而色靑；鹹水產者，體大而色白。通常所食則多爲淡水所產。其中亦富蛋白質，而脂肪質則較少。惟蝦類若產在穢水中或無鬚腹下通黑者，皆不可食，是亦不可不注意也。茲將普通各種烹飪法，分述於後：

第一節　炒蝦仁

一、材料

海蝦（北方名白蝦）半斤，或十二兩，浦蝦同。（浦蝦北方名靑蝦。）

油一兩，白醬油半兩，酒半兩，糖半錢，木耳三錢，筍二兩（無則不用，）葱三寸，豆粉一錢。

二、器具

大盤。

三、烹調

擘法　將蝦洗淨，用手折斷蝦頭，丟在一處，（洗淨可熬清湯作他用。）又將蝦身從腹下擘開其殼，用兩手捻住蝦尾，將蝦全身之肉擠出。將殼帶尾，丟在一處，（洗淨可熬清湯作他用。）蝦肉用薄薄豆粉，和水拌之。

烹法　先將木耳泡水，一朶撕作兩三塊，筍切作釘，葱切一寸長。然後油倒鍋中燒熟，將木耳等物，先下油中炒之。然後將蝦肉倒入，用鏟刀攪炒數下。隨將醬油加入，糖加入，酒加入，再炒數下熟矣。

第二節　香油蝦 醉蝦附

一、材料

蝦半斤，須用青蝦稍大者，至小六七分長，白蝦用不得。

油四兩，醬油半兩，葱一根，蒜頭數個。

二、器具

大盤。

三、烹調

剪法　不斷蝦頭，不擘蝦殼，將蝦頭之鬚，蝦腹下之脚，蝦尾之殼，用剪刀剪去，放清水中洗乾淨。

烹法　將油放鍋中燒沸，先將蒜頭劈去外殼，葱切一寸長，下油中灼之。隨將蝦倒入，用鏟刀反覆攪炒，使蝦經油稍酥，並透進葱蒜之味。然後將油舀起，蝦再倒入，乃下醬油，再攪炒數十下熟矣。

再醉蝦之法，將蝦如前法剪洗乾淨，用生薑切米，葱切珠，並糖一錢，先將生蝦拌之。再用醬油、醋、香麻油漬之，撒以胡椒麵，漬三十分鐘已熟矣。

第三節 灮蝦餅

一、材料

蝦十二兩，用青蝦不用白蝦。

油二兩，豆粉二兩。

二、器具

大盤。

三、烹調

剪法及調揑法　家常所食蝦餅，因青蝦太小，既不足劈殼以炒蝦仁，亦不足帶殼以作香油蝦。乃用剪刀剪去一切蝦鬚蝦脚，用豆粉和水拌之，揑作圓形如餅，徑一寸左右，厚三分左右，故名蝦餅。

烹法　將油倒鍋中燒熟，將已揑成餅形之蝦，放油中反覆灮之。灮熟盛盤。沾醬油食之。

又一種加工製法，係用大青蝦，劈去頭殼，（法已詳炒蝦仁下。）洗淨瀝乾，放砧板上，用刀亂剁之，將蝦肉剁成黃豆大，（不要太細，）以和發料之豆粉拌之，（法已詳瓜棗下。）揑成餅形，大徑寸，厚三四分，放滾油中灱之。

第四節　灱蛤蜊餅川湯蛤蜊附

一、材料

蛤蜊一斤。（蛤蜊雖海味。但南北皆有之，且其價甚廉。）

油四兩，豆粉一兩，發料二錢，葱一寸。

二、器具

大盤，大碗。

三、烹調

切法　將蛤蜊帶殼洗淨瀝乾，取一大碗，用刀從蛤蜊殼後面紐合處劈之，用手將蛤蜊肉挖出，置碗中。挖完，淨洗砧板，將蛤蜊肉撈起，放砧板上，用刀亂剁之，稍碎，（不要太細，）仍取置碗中，帶著蛤蜊汁。

烹法　先用發料和豆粉（和法已詳瓜棗下。）和成，取拌蛤蜊及汁，捏成圓式如餅，（喜葱者下葱末少許。）取油倒鍋中燒沸，將餅式蛤蜊，一塊一塊放下灮之，餅面作深黃色則熟矣。又一種簡便法，惟將發料與豆粉和好，蛤蜊只劈開壳，挖下肉，不用剁碎，一粒一粒取拌已和豆粉，下沸油中灮之。又川湯蛤蜊，惟洗淨帶壳放沸湯中煮之。俟壳開，盛起，下酒撒葱珠。

練習問題

（一）何種蝦不可食？

（二）炒蝦仁應如何擘蝦？

（三）香油蝦須備何種材料？

（四）試述醉蝦之法。

（五）試述灮蝦餅之製法。

（六）𤆵蛤蜊餅如何切法？

（七）川湯蛤蜊烹法如何？

第十六章 菜葉類烹飪法

植物中各種菜葉，亦爲吾人必需之食物。富者固可常食魚肉雞鴨，貧者則非常食菜類不可，蓋其價甚低廉，且鄉僻農民，均可自行種植故也。實則菜葉蛋白質與脂肪質雖少，而戊種維他命甚富。且含多量之纖維素，足以助腸之蠕動，有通便之功效，故吾人不能以其價廉易得而輕視之也。惟菜葉上常有害菌或寄生蟲，故必需熟煮之，以防意外。玆將各菜之烹飪法，分述於後：

第一節 清炖白菜

一、材料

大白菜一根，約重二斤，鹹肉四兩。（炖白菜，火腿爲上，家常不能盡具，則鹹肉、風肉爲次，鮮肉蝦米又次之，單鮮肉用六兩，單蝦米用一兩，鮮肉須用鹽半

錢）

二、器具

大海碗。

三、烹調

切法　將白菜剝去外葉粗大者，切去近根粗硬者，則二斤之菜，所剩不過一斤零。可切爲數箍，一箍長一寸一二分，整箍不擘開。

烹法　將鮮肉切片，兩指大，一指長，半指厚，鋪大海碗底。取白菜最嫩者三箍，品字安排肉片上，上下清水小半碗，放蒸籠或飯甑中蒸之。如用火腿，則切片鱗次排白菜上，如屋上瓦片相壓之狀，以爲美觀。如用蝦米，則隨便撒白菜上，用鹹肉、風肉，亦照火腿法排之。以蒸到稀爛爲要。

第二節　紅燒白菜

一、材料

白菜一根，約重二斤。

猪油二兩、猪肉四兩，蝦米一兩，冬菰數朶，醬油一兩半，糖三錢。

二、器具

大海碗。

三、烹調

切法　將菜擘去外葉，切去近根粗硬者，將嫩葉切爲細長之塊，約二寸長，一指寬。將猪肉切爲絲，一寸長，二分寬。冬菰亦切爲絲，與蝦米用溫水泡之。

烹法　將油倒鍋中燒沸。將白菜倒入炒軟，急將醬油調糖倒入，反覆攪炒，使醬油與糖，從菜塊四邊刀切處吸入，作帶黑帶紅顏色。另用小鍋將油燒熟，將肉絲、蝦米、冬菰絲倒入，炒到半熟，取倒炒白菜鍋中，合爲攪炒，反覆數十下。此時白菜汁已出，加以油、醬油、肉絲之汁，泡冬菰、蝦米之水，不少湯汁。蓋住鍋蓋，爐中加大火煮之，須臾熟矣。

第三節　炒白菜醋溜白菜附

一、材料

白菜一根，約重二斤。

油一兩，醬油半兩，糖二錢，猪肉二兩，冬菰三朵，蝦米二錢，筍一兩。

二、器具

大盤。

三、烹調

切法　白菜一根，中等大者，重約二斤，擘去外葉粗大者，切去近根粗硬者，所剩尚一斤左右，可切四五箍。若炒一大盤，不過用到兩箍零，尚餘一半，可作他用。一箍白菜心，可横劈兩刀，直劈兩刀，分作井字形切之，一塊約一指半大。

烹法　先將冬菰每朵切爲兩塊，與蝦米用溫水泡之，猪肉切片，長一寸，大一指，厚一分。筍切片如猪肉，共下油鍋中燒熟炒之。然後燒起大火，將白菜倒下，用鏟刀反覆攪炒之。看菜軟半熟，取醬油與糖調水沃入，再反覆攪炒，使之透味。看菜大熟，即可盛起矣。

又家常食或不用猪肉、蝦米、冬菰、筍片等物，只用油炒，下醬油及糖，再加醋調豆粉沃入，亦別有風味。

第四節　醃白菜

一、材料

白菜一根，重約二斤。

醬油四兩，香麻油二兩，辣椒數個，生薑一塊，糖三錢，醋一兩。

二、器具

大海碗，七寸盤。

三、烹調

切法　將白菜剝去外葉，切去近根粗硬者，專留菜心嫩葉，切爲數箍。每箍一寸長，整籠不擘開，洗淨排大海碗內。

烹法　將辣椒切爲細絲，生薑切片，再切爲細絲，浸醬油中，加糖加醋，下有柄小鍋中燒沸。提起，從白菜籠上面澆下。澆盡，漬少頃，將所澆醬油菜汁泌出，再放小鍋中燒沸。如前法再澆；再漬，再泌出，再熬，如是者三四次，醬油汁卽盛碗中漬之，沃以香麻油，食時取放盤上。

又一種製法，將白菜籠用線縛住，下開水中略略煮熟，取放碗中，用醬油加糖，加醋，加薑絲，辣椒絲漬之。

第五節　清煮瓢兒菜清煮芥菜附

一、材料

瓢兒菜一斤。

鹽半錢，米泔一小碗，油一兩。

二、器具

大海碗。

三、烹調

切法　去菜葉之焦爛殘破者，洗淨瀝乾，切爲一寸長。

烹法　將油倒鍋中燒熟，將菜倒入，炒之。俟菜軟半熟，取水一碗倒入，再取米泔加入。（加米泔煮，視淸水煮，倍覺有味。）俟水沸，然後將鹽下入，煮到菜稀爛爲度。

又芥菜煮法，悉同瓢兒菜。大概北方喜白菜，南方喜瓢兒菜、芥菜。（江南人尤喜瓢兒菜。）芥菜種類不一，有大葉者，有缺葵葉者，最佳者爲雪裏紅。煮爛時，味與瓢兒菜略相同；而菜根之味，其美過於瓢兒菜，惟煮時不可蓋鍋蓋，蓋則菜黃而不綠。

第十六節　炒白菜薹（油菜薹同）

一、材料

白菜薹半斤，（薹卽未開之花，）此菜以薹爲美，薹可食時，葉亦不多。
豆油或芝麻油一兩，醬油半兩，酒半兩。

二、器具

大七寸盤。

三、烹調

切法　先摘去其梗之粗，與其葉之粗者，留其嫩葉與薹，入清水洗淨。刀切之，以寸爲度，再用水洗淨，瀝乾其水，置竹籮中。

烹法　次取豆油或芝麻油倒鍋中燒熟，（驗熟法已見前，）取菜薹及嫩葉置鍋中，以鏟刀翻覆炒之。俟菜軟，加入醬油，以鏟刀翻覆攪和之，不蓋鍋蓋，蓋則菜色黃而不翠，菜太爛而不脆。俟熟，以箸夾一塊，嘗其熟否。以酒沃之，用鏟刀略攪數下，多攪則酒氣走而不香。卽舀起盛盤中，速進席上，則香甜翠脆，四者俱備矣。

再或加肉釘、火腿釘、蝦米、冬菰釘、更美，皆於下醬油時加入。

第七節　拌芹菜拌其他菜附

一、材料

芹菜半斤。（芹菜南邊北邊不同，南邊芹菜，菜園已將葉摘去，然後出賣；北邊不摘葉出賣，須食者自摘去。南邊芹菜上半節綠色處，味辣不可食，下半節白色近根處，不辣乃可食；北邊芹菜小，多全綠者，雖微辣，可食。

香麻油三錢，醬油大半兩，醋半兩。

二、器具

大碗。

三、烹調

切法　將芹菜上半節綠者切去，只留下半節白者，切一寸長。（北方則但摘去葉，切成一寸長。）

烹法　下水鍋中燒沸，取菜放下煮之。熟卽用鐵漏瓢撈起瀝乾放大碗中用醬油香麻油醋拌之。

拌蕹菜，（亦名空心菜、）蒿菜、菠菜、莧菜，皆不去葉。菜嫩未長者，多全根不切，只切去根，稍長大則切之長寸。拌法同，但不用醋。

第八節　炒菠菜炒其他菜附

一、材料

菠菜十二兩。

油大半兩，醬油半兩，酒半兩。

二、器具

大盤。

三、烹調

切法　將菜去根洗淨，切一寸長。

烹法　將油下鍋中燒熟，將菜倒下，用鏟刀炒之。菜軟，下醬油，將酒分一半下鍋中再炒，熟後，再沃以一半之酒。炒莧菜、蕹菜、芹菜、蒿菜、蒜苗、法皆同。惟芹菜最宜加肉絲，蒿菜最宜加羊肉絲，蒜苗加豬肉絲、羊肉絲俱可。

又芥藍菜炒法亦同。惟諸菜梗葉並食，芹菜專食梗不食葉，芥藍專食葉不食梗。

又小白菜炒法亦同，惟可加醋加糖。

練習問題

(一)菜葉類之營養素如何？

(二)炖白菜以配何種材料爲最佳？

(三)試述白菜之紅燒法。

(四)炒白菜應如何切料？

(五)試述醃白菜之烹法。

(六)瓢兒菜與芥菜清煑有何不同?

(七)炒白菜薹須備何種材料?

(八)芹菜南北有不同否?與切法有無關係?

(九)炒菠菜與炒芹菜、蒿菜、蒜苗不同何在?

第十七章　豆瓜類烹飪法

豆類亦爲吾人日常之食物，四時皆有之。瓜類則限於時令，非四時所常有。豆類中最富於蛋白質，幾佔全部三分之一以上，卽猪雞肉亦不能超過之。且富於乙種維他命；豆莢與豆芽，又富丙種維他命，故實爲最好之食物。惟其中多含纖維素，難於消化，不無缺點。瓜類則營養素較少，最多爲水分而已。時或有害菌及寄生蟲，故必須熟煮之，以期安全。玆將通常各種烹飪法，列述於後：

第一節　拌豆莢

一、材料

豆莢十二兩。（豆莢可帶莢食者，有二種：一種圓而長條，一對如筋；一種扁如小刀，名刀豆。）

香麻油三錢，醬油大半兩，芥末大半兩。

二、器具

大盤，大碗。

三、烹調

切法　將豆莢洗淨，如長條者，切爲一寸長；如小刀形者，切爲兩三段。

烹法　先將芥末放茶杯內，用開水沖之。急將白紙一塊，用水浸濕，蒙於杯面上，隨便用碟子蓋之，勿使辣氣漏洩。（如不要甚辣者，則無需紙蒙。）然後放水鍋中燒沸，將豆莢倒入，數沸之後，取一塊嘗之。熟則用鐵漏瓢撈起，瀝乾，倒大碗中。以醬油，香麻油和芥末拌之，再倒大盤上進食。

第二節　炒蠶豆 炒青豆豌豆附

一、材料

蠶豆半斤。蠶豆以小嫩者爲美，太大太粗，則不佳矣。

油半兩，醬油四錢，猪肉二兩，冬菰二朶，醬薑三錢。

二、器具

大盤。

三、烹調

擘法切法　將蠶豆擘去外殼，洗淨瀝乾。將肉與醬薑切爲釘，冬菰用溫水泡透，亦切爲釘。

烹法　將油倒鍋中燒熟，取肉釘、冬菰釘、薑釘倒入炒之，隨取蠶豆亦倒入，用鏟刀翻覆攪炒。然後將醬油沃入，再炒數十下熟矣。

再靑豆食法亦同。蠶豆須擘去殼，靑豆須剝去外膜。

又豌豆食法亦同。惟豌豆有莢，須先擘去，豆上又有薄膜，剝之稍費事。

第三節　炒黃芽韭炒綠豆芽黃豆芽附

一、材料

黃芽韭半斤黃芽韭單食味太濃或和肉絲或和綠豆芽炒之爲佳和肉絲則用肉四兩，和綠豆芽則用綠豆芽半斤。

油一兩，醬油半兩。

二、器具

大盤。

三、烹調

切法　先揀去其爛者焦者，入清水洗淨，刀切之以寸爲度，再洗淨瀝乾其水。

烹法　將油倒鍋中燒熟，先將肉絲或綠豆芽倒入炒之。半熟，即將黃芽韭倒入，用鏟刀反覆攪炒。然後將醬油加入，須臾熟矣。

如無黃芽韭，則綠豆芽爲主，須擇其肥而新鮮者，和尋常韭菜炒之。綠豆芽半斤，洗淨摘去兩頭，（一頭豆，一頭尖尾，硬而帶焦。）韭菜只用二兩，切一寸長，如前法炒之。

再炒黃豆芽法同，惟可不加韭菜。

第四節　紅燒冬瓜 白煮冬瓜湯絲瓜湯附

一、材料

冬瓜一箍，約重一斤。

油一兩，醬油半兩。

二、器具

大碗。

三、烹調

切法　用刀將冬瓜外皮刮淨，刳去裏面之瓤，切爲方塊，橫直約皆寬一寸二分。再以刀刲其外皮一面，作棋枰格，深二三分。每格相去二三分，使易透味。

烹法　將油倒鍋中燒熟，將冬瓜倒下，用鏟刀反覆炒之，使偏著油，隨將醬油倒入。再反覆翻轉之，加水少許，蓋住鍋蓋，以爛熟爲度。

又白煮冬瓜法　將冬瓜刮皮刳瓤後，切爲片，厚二分，寬二指，長一指。下水鍋中燒沸，將冬瓜片放下，加鹽三分，湯一兩，沸之，冬瓜卽熟矣。

又白煮絲瓜湯，亦同前法。

又簡便法：將冬瓜切爲至薄之片，厚不及一分，取二三十片，放大碗內，下鹽三分，取百沸開水沃之，須臾熟矣。

第五節　醋溜瓠子炒絲瓜附

一、材料

瓠子半斤。

油大半兩，醬油半兩，醋半兩，丁香�（海中小魚晒乾者，小如丁香，南方多有）三四錢，或用蝦米，或用肉釘，或不用。

二、器具

大碗。

三、烹調

切法　將瓠切去蒂，用竹筋方式有棱者，以刮其皮。但刮皮則刮去外皮深綠而堅硬者一重，稍留內皮淡綠者。劈開挖去其瓤與子，切爲小長塊，一指長一指大。

烹法　將油倒鍋中燒熟，將肉釘或小魚、蝦米先倒入炒之。隨將瓠子倒入，用鏟刀翻覆攪炒之，隨加入醬油。攪勻，蓋住鍋蓋。煮熟，加醋，再攪數下盛起。又絲瓜刮削法，亦同瓠子，用竹筋刮去一重堅皮，稍留內皮之嫩綠者。其炒食法同瓠子，惟不加醋。

第六節　生拌蘿蔔

一、材料

蘿蔔半斤。（蘿蔔以小如荔支而鮮紅者爲上，北方多有。）

醬油一兩，醋半兩，香麻油二錢，糖二錢。

二、器具

大碗。

三、烹調

切法　將小蘿蔔兩頭，切去一小片，（根蒂及前頭尖處。）不切，用刀背或刀柄，拭乾淨椎之使炸裂一小顆蘿蔔分爲兩三塊。或蘿蔔稍大，則切爲數塊，再椎使炸裂，以便拌時透味。

拌法　將已椎蘿蔔放大碗中，撒以糖，澆以醬油、香麻油與醋，以筯攪拌之。

又紅燒法　將蘿蔔切爲小塊，用油炒過，下醬油加水煮之。或加肉，加蝦米俱可。

又白煮法　將蘿蔔切爲小塊，或爲絲，加肉加鹽少許煮之。又茭白亦可拌食，惟須煮熟拌之。

第七節　紅燒小芋頭 芋羹葭筍羹附

一、材料

小芋頭十二兩。

油一兩，醬油一兩。

二、器具

大碗。

三、烹調

切法　將芋頭用竹筯有棱者，刮去其皮，用小刀亦可。刮畢洗淨，小者切爲四塊，最小者切爲兩塊。

烹法　將油倒鍋中燒熟，將芋頭倒下，用鏟刀反覆攪炒之。下水小半碗，蓋住鍋蓋，煮三十分鐘。開起，加醬油，再反覆攪動，再蓋鍋蓋，煮爛熟盛起。

又小芋可作羹，將芋切爲釘，方三分大，油燒熟炒之，再加醬油，加肉釘，加水煮之，以稀爛爲度。

又莨筍亦可作羹，切半寸長，用肉釘、冬菰釘、醬油煮之，加豆粉調水和之。

第八節　紅燒茄（拌茄附）

一、材料

茄一斤。

油半斤，醬油一兩半，猪油二兩，蝦米一兩。

二、器具

大盤，大碗。

三、烹調

切法　將茄洗淨，勿去皮，切去蔕，剖為兩爿，將中間小子刳去。每爿再剖分為二，帶皮切塊，作三角形，洗淨瀝乾。

烹法　先將肉切為釘，又將蝦米用溫水泡透。然後將油倒鍋中燒沸，將切塊之茄，倒入灹之。隨用鐵絲瓢撈起，將餘剩之油倒去，鍋中留油少許，（約小半兩，）將肉釘及蝦米倒下炒之。稍熟出味，加入醬油，然後將炕過之茄倒入。攪炒數十下，使與肉釘、蝦米錯雜相和，加水兩三湯匙，再攪炒之。俟其汁漸乾，肉釘、蝦米之味，吸進茄去，則可用盤盛起矣。

再拌茄之法：將茄帶皮，放鍋中煮爛熟，將汁倒去。取出剝去皮，刳去茄中之子，切爲數段。每段約寸半長，用手撕之，約半指大，（不用刀切，）用醬油、香麻油拌食之。

第九節　搗筍即紅燒筍燒葭筍附

一、材料

筍一斤。

猪油四兩，醬油二兩，糖一兩，猪肉二兩，蝦米半兩，冬菰半兩。

二、器具

大盤，大碗。

三、烹調

切法　將筍殼層層剝盡，切去筍頭粗硬者，將筍切塊，一寸長，半寸大。放砧板上，用木棍或刀背搗之，使稍炸裂，煮時乃易於透味。

烹法　先將肉切爲釘，冬菰切爲絲，及蝦米用溫水泡之。然後將猪油倒鍋中燒沸，取筍倒入炒之，用鐵絲瓢在下承住。俟灼到透熟，將鐵絲瓢帶筍提起，將鍋中餘油舀去，另盛一碗。將肉釘、冬菰、蝦米皆倒入鍋，略炒之，再將筍倒入，攪炒勻和，然後將醬油調糖沃入，再翻覆攪炒數十下。俟醬油糖略略收乾，再將舀起餘油倒入，攪炒數下，俟並油亦略收乾，可以盛起矣。一法筍搗後，將醬油和糖先漬之，漬透然後下鍋。

又紅燒筍，不用猪肉、蝦米、冬菰，單用蝦子（乾蝦子舖中有賣）和猪油、醬油紅燒之，亦佳。

又茭筍（即菰菜，俗亦名茭白，）亦可用蝦子紅燒。

第十節 雪裏紅會筍雪裏紅炒筍附

一、材料

雪裏紅三兩。（芥菜之最美者，名雪裏紅，鋪中有醃成者。）

筍半斤，猪油一兩，醬油半兩，豆粉一錢，香麻油五分。

二、器具

大海碗。

三、烹調

切法　將雪裏紅鹹味，略略洗淡，細刀密切，長只可一分左右。筍剝去皮，切去近根粗硬者，切爲薄片，厚不及一分，長一寸，寬半寸。

烹法　下猪油鍋中燒熟，將筍片先入，雪裏紅後入，略炒數下。將醬油倒入，隨加清水一小碗，（若有肉湯、雞湯更好）煮之，蓋住鍋蓋。五分鐘開起，豆粉調水沃入，用鏟刀略攪數下，加上香麻油，盛入碗中。

又雪裏紅與筍，照以上切法，用油炒食甚美。

又無竹筍時，茭白、蒲（北方有蒲似筍，山東尤多，）皆可當筍用。

練習問題

（一）豆類之營養素如何？

（二）試述拌豆莢之烹法。

（三）炒蠶豆應備何種材料？

（四）炒黃芽韭應與何物同炒？並可用何物代之？

（五）試述紅燒冬瓜之切法。

（六）瓠子用何法切之？

（七）蘿蔔生拌與紅煮有何不同？

（八）紅燒小芋頭烹法如何？

（九）試舉紅燒茄與拌茄應備之作料。

(十)搗筍烹法有二，任擇一種說明之。

(十一)雪裏紅會筍，如無筍時，可用何物代之？

第十八章　其他食物烹飪法

以上數章所述之食物，皆爲動植物之原料，而未經吾人化製者。但日常食物，亦有經人工化製而成者，如豆腐、豆腐乾、麵筋等。本章所稱之其他食物，即指此類食物是。

豆腐乾與豆腐皆爲大豆所製成，故其營養素亦無異於大豆，且較大豆爲更易消化。麵筋則由麥粉所製成，與豆腐均爲素食中之佳品。茲將其烹飪方法，列述於後：

第一節　炒豆腐乾 炒香豆乾拌香豆乾附

一、材料

豆腐乾半斤。（豆腐乾南北不同，南邊豆腐乾，黃色方塊，橫直皆大一寸餘，北方無之。惟一種老豆腐，硬軟等於南邊之豆腐乾，可以切片炒食。）

韭菜二三兩，或用葱數根，油一兩，醬油大半兩，酒三錢。

二、器具

大盤。

三、烹調

切法　將豆腐切小直塊，長一寸，大三分，厚二分，用清水漂淨。

烹法　將油倒鍋中燒熟，倒入韭菜或葱，略炒數下。隨倒入豆腐乾，用鏟刀輕輕撥炒之，加上醬油，加上酒，須臾熟矣。

又豆腐乾有乾炕食法　將豆腐、乾切爲薄片，長一指，闊兩指，薄半指，下油鍋中燒熟，炕之，沾醬油食。

又香豆乾炒食尤美，將豆乾切爲絲，大一二分之間，加大頭菜切絲相和，用油炒食之。

又如上法，用醬油、香麻油拌食之。

第二節 會豆腐豆腐湯涼拌豆腐附

一、材料

豆腐六兩。（南北豆腐，俱有老豆腐、水豆腐兩種。南邊老豆腐、水豆腐，其差甚微；北邊老豆腐則硬似豆腐乾，水豆腐別名爲南豆腐，兩種皆可會食。）

油半兩，猪肉二兩，醬油半兩，冬菰數朶，蝦米三錢。

二、器具

大海碗。

三、烹調

切法　將豆腐切爲小方塊，方三四分大，肉切爲細絲，冬菰一朶切兩三塊，並蝦米溫水泡之。

烹法　將油倒鍋中燒熟，將肉絲下入先炒。次下冬菰、蝦米，次下豆腐，用鏟刀輕輕炒之，隨將醬油加入。少俟汁將收乾，加水半碗煮之，蓋住鍋蓋，煮五分鐘熟矣。

又豆腐可涼拌食，切如前法。用醬油、芝麻醬、（或香醬油）拌食之。北方多以之拌椿樹芽食。

又豆腐湯，宜用南豆腐，（即水豆腐。）清煮不用油炒，須用肉片、冬菰、蝦米、醬油，同會豆腐，惟汁多耳。又素豆腐湯，則不用肉、蝦米等物，單用蒿菜、菠菜、京冬菜下醬油煮之。

第三節　炒麵筋

一、材料

麵筋十二兩。

油一兩半，醬油半兩，糖半兩，肉四兩。

二、器具

大碗。

三、烹調

切法　麵筋形狀，南北不同。南邊圓條，形如碾麵圓棍，兩頭圓，長不過三寸。北邊方形，頭平尾尖平處大一指，漸小到尾，尖如鐵釘。均須整條放鍋中溫水煮之，至數十沸，去其臭味。取起，用清水多洗兩過，然後切爲小片，一寸長，三分闊，一二分薄。

烹法　先將肉切爲絲，下油鍋中燒沸炒之，隨將麵筋倒入，用鏟刀反覆攪炒。隨將醬油倒入，隨將糖和水倒入，再反覆攪炒，看汁略收乾熟矣。

又灹麵筋法：麵筋如前法切好，須用油四兩燒沸，麵筋倒入灹酥。用鐵絲瓢撈起，瀝乾，將餘油舀去。乃將肉絲倒入略炒，取已灹麵筋投入，再下糖下醬油，反覆炒之，以汁乾麵筋酥爲度。

第四節　素會

一、材料

金針菜一兩，乾筍尖一兩，乾粉一兩。（一名河南粉，亦名山東粉。）冬菰一兩，小白菜二兩；麵筋一兩，豆腐筋一兩，茭白二兩，（無時則不用。）

猪油三兩，醬油一兩。

二、器具

大海盤。

三、烹調

切法　以上諸物皆用水泡軟。金針菜、乾筍尖、豆腐筋，皆切一寸長，乾粉切二三寸長，冬菰一朶切兩塊。麵筋用沸湯煮過（已詳炒麵筋下。）切片，一寸長，三分大，一分薄。

烹法　將猪油倒鍋中燒熟，將各物倒下炒之。隨加醬油，再用鏟刀攪炒，須臾熟矣。

又以上各物單食法，乾筍尖、清水煮熟可拌醬油芝麻醬（或香麻油）食乾粉煮熟，可拌醬油、芥末食。

練習問題

（一）豆腐與大豆之營養料如何？

（二）試述炒豆腐之烹法。

（三）豆腐有幾種？煮豆腐湯以用何種豆腐爲佳？

（四）麪筋之形狀如何？炒時應用何種切法？

（五）素會需用幾種材料？

中華民國二十三年三月第一版
中華民國三十七年八月第七版

(60847·1)

職業學校教科書 烹飪法 一冊

定價國幣貳元伍角
印刷地點外另加運費

編纂者 蕭閒叟
校訂者 楊蔭深
發行人 朱經農
上海河南中路
印刷所 商務印書館印刷廠
發行所 商務印書館
各地

(本書校對者朱仁寶)

大

書名：職業學校教科書：烹飪法
系列：心一堂・飲食文化經典文庫
原著：蕭閒叟 編
主編・責任編輯：陳劍聰

出版：心一堂有限公司
通訊地址：香港九龍旺角彌敦道六一〇號荷李活商業中心十八樓〇五一〇六室
深港讀者服務中心：中國深圳市羅湖區立新路六號羅湖商業大厦負一層〇〇八室
電話號碼：(852)9027-7110
網址：publish.sunyata.cc
淘宝店地址：https://sunyata.taobao.com
微店地址：https://weidian.com/s/1212826297
臉書：https://www.facebook.com/sunyatabook
讀者論壇：http://bbs.sunyata.cc

香港發行：香港聯合書刊物流有限公司
地址：香港新界大埔汀麗路36號中華商務印刷大廈3樓
電話號碼：(852) 2150-2100
傳真號碼：(852) 2407-3062
電郵：info@suplogistics.com.hk

台灣發行：秀威資訊科技股份有限公司
地址：台灣台北市內湖區瑞光路七十六巷六十五號一樓
電話號碼：+886-2-2796-3638
傳真號碼：+886-2-2796-1377
網絡書店：www.bodbooks.com.tw
心一堂台灣秀威書店讀者服務中心：
地址：台灣台北市中山區松江路二〇九號1樓
電話號碼：+886-2-2518-0207
傳真號碼：+886-2-2518-0778
網址：http://www.govbooks.com.tw

中國大陸發行　零售：深圳心一堂文化傳播有限公司
深圳地址：深圳市羅湖區立新路六號羅湖商業大厦負一層008室
電話號碼：(86)0755-82224934

版次：二零二零年二月，平裝

定價：港幣　一百零八元正
　　　新台幣　四百八十元正

國際書號 ISBN　978-988-8583-11-9

心一堂微店二維碼

心一堂淘寶店二維碼